BEI GRIN MACHT SICH IHR WISSEN BEZAHLT

- Wir veröffentlichen Ihre Hausarbeit,
  Bachelor- und Masterarbeit

- Ihr eigenes eBook und Buch -
  weltweit in allen wichtigen Shops

- Verdienen Sie an jedem Verkauf

Jetzt bei www.GRIN.com hochladen
und kostenlos publizieren

Stefan Seehagen

Land-Stadt-Wanderung und Verstädterung in Westeuropa und Afrika im Vergleich. Entwicklungen, Ursachen, Auswirkungen

GRIN Verlag

Impressum:

Copyright © 2002 GRIN Verlag GmbH
Druck und Bindung: Books on Demand GmbH, Norderstedt Germany
ISBN: 978-3-656-69279-9

Dieses Buch bei GRIN:

http://www.grin.com/de/e-book/106022/land-stadt-wanderung-und-verstaedterung-
in-westeuropa-und-afrika-im-vergleich

Land-Stadt-Wanderung und Verstädterung in Westeuropa und Afrika im Vergleich – Entwicklungen, Ursachen, Auswirkungen

Inhalt

1. Einleitung

Immer mehr Menschen leben in Städten. Das Phänomen der Verstädterung, also die Zunahme das Anteils der städtischen Bevölkerung an der Gesamtbevölkerung, äußert sich jedoch nicht überall auf der Erde gleich. Die Entwicklung lässt sich zwar auch für die gesamte Erde darstellen – so lebten im Jahre 1800 weltweit etwa 3,2% der Menschen in Städten (vgl. BÄHR 1993), während die Vereinten Nationen diesen Anteil für das Jahr 2020 auf etwa 62% schätzen – allerdings bestehen zwischen einzelnen Erdteilen erhebliche Unterschiede bezüglich zeitlichem Verlauf, Ausprägung und Folgen der Verstädterung. Um den Prozess der Verstädterung mit seinen Ursachen und Folgen darzustellen, werden in dieser Arbeit die Großräume Afrika und Europa untersucht.

Dies bietet sich an, da sich das industrialisierte Europa im Endstadium der Verstädterung befindet, ja teilweise sogar rückläufige Tendenzen festzustellen sind. Das unterentwickelte Afrika befindet sich mit einem derzeitigen Verstädterungsgrad von etwa 33,9% (vgl. BÄHR 1996) noch mitten in diesem Prozess.

Durch einen Vergleich der Verstädterung bezüglich Stadtentwicklung, zeitlichem Ablauf, Ausprägung und Folgen soll deutlich gemacht werden, das ein stetiges Wachstum der städtischen Bevölkerung zwar Voraussetzung einer industriellen Entwicklung wie in Europa ist, das eine Verstädterung wie in Afrika ohne die notwendigen wirtschaftlichen Fortschritte jedoch viele negative Folgen hat. Untersucht wird in dieser Arbeit auch eine der Hauptursachen der Verstädterung, nämlich die Land-Stadt-Wanderung. Auch hier sind Unterschiede zwischen beiden Kontinenten festzustellen. Herausgestellt werden im folgenden Differenzen bezüglich der Motivation für die Stadtwanderung, der jeweiligen Zielgebiete und der Konsequenzen innerhalb der Städte. Schließlich wird für den Raum Afrika ein Lösungsvorschlag vorgestellt, der einen möglichen Ausweg aus der problematischen Entwicklung aufzeigen soll. Erwähnt wird im folgenden Kapitel auch die jüngere Entwicklung in Europa. Hier wird die Erscheinung der rückläufigen Verstädterung und der Counterurbanisierung angesprochen.

Wegen der Komplexität des Themas werden zunächst die Räume Europa und Afrika einzeln untersucht, während im Kapitel 4 die wichtigsten Unterschiede direkt gegenübergestellt werden.

2. Verstädterung in Europa

2.1 Bedeutung der Städte im Mittelalter

Um den vergleichsweise hohen Verstädterungsgrad Europas von 73,4% im Jahre 1990 zu erklären (vgl. GAEBE 1994), soll im folgenden die Entstehung, das Wachstum, sowie die aktuelle Entwicklung europäischer Städte untersucht werden. Ausgangspunkt für diese Betrachtung ist hier die hochmittelalterliche Städtegründungsperiode (1100-1350), in der sich erste Verflechtungen der mitteleuropäischen Städte mit ihrem Umland ergaben. Diese Beziehung bestand in einem Markt für die Agrargüter des Umlands einerseits, und die Güter der gewerblichen städtischen Wirtschaft andererseits. Hinzu kam der Handel, den die an das entstehende Fernhandelsnetz angebundenen Städte betrieben (vgl. WAGNER 1998: 150). Von den Städten gingen also schon früh Impulse aus, aber der Anteil der städtischen Bevölkerung an der europäischen Gesamtbevölkerung war noch sehr klein. So lag er beispielsweise in Deutschland um 1100 bei 2-3%. Um 1350 betrug er immerhin 10%, brauchte aber bis zu einer Verdoppelung auf etwa 20% bis zum Jahre 1800 (vgl. Wagner 1998: 150). Wie bereits erwähnt, erfüllten die Städte aber bereits wichtige Funktionen für ihr Umland. Zum einen ging von ihnen technischer Fortschritt aus, der neben der Produktivität des städtischen Handwerks auch die des Agrarsektors förderte. Zum anderen bestanden Stadt-Umland-Beziehungen im sogenannten Verlagssystem, das seine Anfänge im spätmittelalterlichen Südwestdeutschland, Oberitalien, Flandern und den Niederlanden hatte. Über Kapital verfügende städtische Unternehmer begannen dörfliche Kleingewerbe zu organisieren. Die Rohstofflieferung und die Vermarktung der Fertigerzeugnisse übernahm der städtische Verleger. In diesem System ist ein erster Ansatz des Übergangs von der Handwerks- zur Fabrikerzeugung zu sehen (WAGNER 1998: 151). Insgesamt entwickelten sich die Städte also zu wichtigen Märkten für die Agrarerzeugnisse des Umlandes. Dieser Sachverhalt bildet die Grundlage für die *Theorie der Landnutzung* (v. Thünen). Auch die *Theorie der zentralen Orte* (Christaller) kann hier erwähnt werden, denn die mittelalterlichen Städte erlangten, aufgrund ihrer Bedeutung im Bereich gewerblicher Erzeugnisse, Handelswaren und Dienstleistungen rasch eine gewisse Zentralität.

2.2 Land-Stadt-Wanderung während der Industrialisierung

Eine sich beschleunigende Verstädterung mit gleichzeitigem Bevölkerungswachstum ist in Europa jedoch erst mit Beginn der Industrialisierung, ausgehend von England und Wales, eingetreten. Voraussetzung hierfür war zum einen die Steigerung der agraren Nahrungsmittelproduktion. Sie wurde erreicht durch die Durchsetzung einer verbesserten Dreifelderwirtschaft mit Anbau von Kartoffeln, Klee oder Rüben auf den bisherigen Brachen (vgl. WAGNER 1998: 153), die beginnende Mechanisierung der Landwirtschaft und Reformen wie Flurbereinigung und Aufteilung des größten Teils der Allmenden (vgl. NIEMEIER 1977: 154). Die somit verbesserte Nahrungsmittelversorgung führte in Verbindung mit einer beginnenden medizinischen Grundversorgung und verbesserten Hygienebedingungen zu dem bereits erwähnten Bevölkerungswachstum (vgl. WAGNER 1998: 152). Hinzu kam, zu unterschiedlichen Zeiten in den Ländern Europas, die Aufhebung der persönlichen Abhängigkeitsverhältnisse der ländlichen Bevölkerung, wie z.B. des Gebots, die Erlaubnis zur Eheschließung beim Grundherrn einzuholen, was zu einer „Freisetzung der Fruchtbarkeit" führte (STEWIG 1998: 98). Der hohe Bevölkerungsdruck in Verbindung mit der Bauernbefreiung führte also zu einer massenhaften Landfluchtbewegung. Zu dieser beschriebenen Entwicklung in den ländlichen Räumen trat die industrielle Revolution, die große Industriereviere z.T. aus Dörfern entstehen ließ, wie etwa in Mittelengland, Schottland, Nordostfrankreich und im heutigen Ruhrgebiet (vgl. NIEMEIER 1977: 159). Grundlegend für die zunächst überwiegend auf oder nahe Steinkohlelagern entstehenden Industrien waren v.a. technische Innovationen, aber auch voranschreitende Arbeitsteilung, sowie mechanisierte und automatisierte Arbeitsabläufe. So war 1837, wie schon vorher in England, der Tiefschachtabbau von Steinkohle im Ruhrgebiet möglich, wodurch man bislang unerreichbare Rohstoff- bzw. Energielager erschloss. Der Eisenbahnbau kurbelte die ökonomische Entwicklung der Schwerindustrie weiter an, da auf dem Schienenweg kostengünstig Erze auch aus größerer Distanz zugeführt werden konnten. Außerdem bedingte der Eisenbahnbau an sich eine Ausweitung der Stahlproduktion. So entfiel zwischen 1850 und 1890 etwa die Hälfte der deutschen Stahlproduktion auf besagten

Eisenbahnbau, der allerdings nicht nur als technische Neuerung, sondern auch als Ergebnis ausgeweiteter verkehrspolitischer und raumordnerischer Aktivitäten staatlicher Institutionen gesehen werden sollte (vgl. WAGNER 1998: 173). Auch von anderen Industriezweigen außerhalb der Schwerindustrie, so z.B. von Textilindustrie und Maschinenbau, gingen Wachstumsimpulse für die weitere industrielle und damit städtische Entwicklung aus. Auch in älteren, gewerbereichen Städten entfaltete sich Industrie, die auf den gegebenen, vorindustriellen Strukturen aufbaute, wie z.B. dem Verlagswesen. Außerdem gewannen Verwaltungs- und Handelszentren (z.B. Hafenstädte) an Bedeutung für Produktionsmittel- und Konsumgüterindustrie. Diese angesprochenen Sekundärzentren wirkten wiederum auf ihr Umland, indem sie Entwicklungsimpulse abgaben und Migrationvorgänge auslösten. Trotz der angesprochenen Ausgleichsfaktoren innerhalb des Wirtschaftsraums entwickelten sich in dieser Zeit zunehmend wirtschaftliche Disparitäten zwischen einzelnen Regionen. Die industriellen Zentren zogen mehr und mehr Menschen an, während die Gesamtbevölkerung ohnehin stark anwuchs. So z.B. in Deutschland zwischen 1800 und 1850 von 24 auf 32 Millionen (vgl. WAGNER 1998: 170). Daraus resultierte, das die industriellen Arbeitsplätze zur Mitte des 19. Jahrhunderts nicht mehr für die stark ansteigende Stadtbevölkerung ausreichten. Das es in den Städten trotzdem nicht zu Massenarbeitslosigkeit und damit zur Massenarmut kam, erklärt das weitere Wachstum der Industrie bis zum 1. Weltkrieg und das, laut „Gesetz vom doppelten Stellenwert" (BÄHR 1983: 335) Entstehen von einer neuen Stelle im Bereich Versorgung, Verwaltung oder Dienstleistung je neu geschaffenem Arbeitsplatz im industriellen Bereich.

Während der Phase der Hochindustrialisierung kam es in den Städten aufgrund des hohen Bevölkerungsdrucks zu katastrophalen Wohn-, Hygiene- und Arbeitsbedingungen. Das es im Gegensatz zu den Theorien von Marx (Das Kapital) nicht zu Klassenkämpfen kam, lag vor allem an der beginnenden gewerkschaftlichen Organisation der Industriearbeiter. So wurde schließlich die Wochenarbeitszeit von 80 oder mehr auf 40-42 Stunden reduziert. Außerdem wurde das Lohnniveau so angehoben, das viele Industriearbeiter bald „bürgerlichen" Standard erreichten, und die Arbeiterslums weitgehend verschwanden (vgl. NIEMEIER 1977: 154).

2.3 Suburbanisierung in Europa

Der beschriebene Verstädterungsprozess wurde jedoch, zeitlich versetzt, in der Ländern Europas schwächer, und ist in England und Wales bereits rückläufig (vgl. BÄHR 1993).Zu begründen ist diese Entwicklung mit dem Rückgang der Geburtenüberschüsse (vgl. WAGNER 1998: 52), der in Deutschland soweit führte, dass negative Bevölkerungszuwachszahlen erreicht wurden, und mit der einsetzenden Stadt-Umland-Wanderung (vgl. BÄHR 1983: 358). Dieser neuerliche Wanderungsprozess, der nun in umgekehrter Richtung stattfand, wird als Suburbanisierung bezeichnet. Dieser Vorgang, der in den Industrieländern Ende des 19. Jahrhunderts einsetzte, umfasst „alle Verlagerung und Neugründung von Haushalten und Betrieben außerhalb der Kernstadt sofern sie nur funktional mit der Kernstadt eng verflochten sind" (GAEBE 1987: 45). Die Folgen der Suburbanisierung werden zum großen Teil negativ bewertet, gelegentlich wird auch vom „Herzinfarkt der Großstädte" gesprochen (BÄHR 1983: 359). Einige Erscheinungsbilder dieses Vorgangs sollen kurz vorgestellt werden:

- durch die räumliche Trennung von Wohnen und Arbeiten nimmt das Pendlervolumen, und somit die Belastung der Verkehrsinfrastruktur zu. Somit steigt die Luft- und Lärmbelastung des städtischen Raums, was die Wohnqualität der Stadt wiederum beeinträchtigt
- in den Innenstädten tritt nach Geschäftsschluss eine weitgehende Verödung mit allen nachteiligen Konsequenzen ein
- die Wanderungsvorgänge bringen eine soziale Umschichtung mit sich, die für die Kernstädte oftmals negativ ausfällt, und deren Attraktivität so weiter verringert
- mit der Bevölkerungsentwicklung zugunsten umliegender Gemeinden entstehen der Kernstadt hohe Steuerausfälle

Eine weitere Folge für die gesamt Region stellt die Zersiedelung der Landschaft dar, die aufgrund abnehmender Baulandreserven und steigender Bodenpreise, die eine weitere Ausdehnung der suburbanen Zone nach sich ziehen, weiter voranschreitet. Der Suburbanisierungsprozess hat jedoch bei weitem nicht die Ausmaße der hochindustriellen Land-Stadt-Wanderung.

2.4 Aktuelle Entwicklung seit 1970

Die jüngere Entwicklung o.g. Suburbanisierung ist Gegenstand einer Arbeit von Thomas Kontuly und Brad Dearden, erschienen 1998.

Untersucht werden die Umverteilungsprozesse der Bevölkerung in Europa in den 70er, 80er und 90er Jahren, wobei zum einen auf das Phänomen der Urbanisierung, zum anderen auf das der Counterurbanisierung eingegangen wird. Counterurbanisierung meint den

„Prozess großräumiger Dekonzentration von Bevölkerung und Arbeitsplätzen infolge von Abwanderung aus Großstädten und Agglomerationsräumen bei gleichzeitigen Wanderungsüberschüssen in ländlichen und kleinstädtischen Gebieten. Counterurbanisierung ist in Ansätzen in einigen stark urbanisierten Industriestaaten zu beobachten und wird als Reaktion auf die Überlastung von Verdichtungsräumen gedeutet." (LESER et al. 2001: 127).

Die Autoren kommen für die 70er und 80er Jahre zu dem Ergebnis, das in diesem Zeitraum in Europa eine „verlangsamte Urbanisierung" sowie ein gewisser „Counterurbanisierungstrend" vorlag. Die Gründe für diese Erscheinungen ergeben sich aus folgender Darstellung:

	zyklische Faktoren	Dekonzentration der Beschäftigung	Demographischer Strukturwandel	Regierungspolitik	Wohnkosten
Belgien		x			
Großbritannien	x	x			
Dänemark	x	x		x	x
Finnland	x	x			
Frankreich		x	x	x	x
Westdeutschland		x	x	x	x
Island	x				
Irland				x	
Italien	x	x		x	x
Niederlande		x			
Norwegen		x	x	x	
Spanien	x				
Schweden	x	x		x	
Schweiz	x	x	x		

Tab.1: Gründe für eine verlangsamte Urbanisierung bzw. Counterurbanisierung in Europa während der 70er, und 80er Jahre; eigene Darstellung nach KONTULY, DEARDEN (1998)

Die Hauptgründe für die Urbanisierung bzw. Counterurbanisierung liegen wie zu erkennen in zyklischen Faktoren, also konjunkturellen oder branchenspezifischen Schwankungen, und in der Dekonzentration der Beschäftigung. Ableiten könnte man also, das in erster Linie wirtschaftliche Gründe die Bevölkerungsverteilung beeinflussen. Für die 70er/80er Jahre könnte man die Entwicklung einfach zusammenfassen: Menschen folgen Arbeitsplätzen.

Für den Zeitraum der 90er Jahre lässt sich als Ergebnis herausstellen, das keine eindeutigen Trends der Bevölkerungsumverteilung ablesbar sind. Erwähnt werden sollte in

Zusammenhang mit der Studie noch die Theorie von Geyer und Kontolly (1993), nach welcher Stadtregionen entwickelter Länder drei aufeinander folgende Phasen durchlaufen:

1. Zunächst wachsen, in Übereinstimmung mit der Tendenz der Urbanisierung die großen Städte schneller als die kleinen und mittleren Siedlungen.
2. Nachfolgend wachsen die mittleren Siedlungen vergleichsweise schneller.
3. In der dritten Phase, die also als Counterurbanisierung zu bezeichnen wäre, wachsen schließlich die kleinen Siedlungen am schnellsten.

Inwieweit diese Theorie der Realität entspricht, müsste jedoch noch empirisch nachgewiesen werden. Zusammenfassend kann man für Europa nochmals hervorheben, dass die Verstädterung, die ihrerseits in der massenhaften Land-Stadt-Wanderung begründet lag, ihre Hochphase während der Industrialisierung hatte, momentan nur noch bedingt voranschreitet.

3. Verstädterung in Afrika

3.1 Entstehung der heutigen Metropolen

Die Verstädterung in Afrika ist in vielerlei Hinsicht von der in Europa verschieden. Unterschiede liegen beispielsweise in der Genese und dem Erscheinungsbild der afrikanischen Metropolen, sowie in den zur Stadtwanderung veranlassenden Faktoren.

Der Großteil insbesondere schwarzafrikanischer Städte entstand in der Kolonialzeit an den Küsten als Hauptumschlagplatz und Verwaltungssitz der jeweiligen Kolonialmacht. Autochthone Städte existierten zwar bereits in vorkolonialer Zeit z.B. in Ghana (Kunasi), Nigeria (Kano und Shadan) und Zaire (Kinshasa), diese Städte sind allerdings jünger und seltener als in Asien, Europa oder Amerika (vgl. GAEBE 1994). Insgesamt spielten die Städte in Afrika bis zu den 50er Jahren des letzten Jahrhunderts eine eher untergeordnete Rolle. So betrug im Jahre 1950 der Anteil der städtischen an der Gesamtbevölkerung gerade einmal 14,5%. In Europa bzw. Nordamerika lag zu diesem Zeitpunkt der Anteil bereits bei 56,5% bzw. 63,9% (vgl. BÄHR 1993). Mit der Unabhängigkeit der ehemaligen afrikanischen Kolonialgebiete setzte jedoch ein starke Zunahme der städtischen Bevölkerung ein.

3.2 Land-Stadt-Wanderung in Afrika

Der sprunghafte Anstieg des Verstädterungsgrades mit enormen Wachstumsraten lässt sich durch Eingemeindungen bzw. Einstufung ehemals ländlicher Dörfer als Städte, durch das natürliche Bevölkerungswachstum sowie durch eine starke Land-Stadt-Wanderung erklären, die an dieser Stelle besonders untersucht werden soll. Was veranlasst die Menschen zur Landflucht?

Viele Menschen wandern saisonal in die Städte, um während der Trockenzeit ein Einkommen im nichtagrarischen Bereich zu erzielen. Zum dauerhaften Anstieg der Stadtbevölkerung trägt diese Tatsache jedoch nicht bei. Ein wesentlicher Grund für das endgültige Verlassen ihrer ländlichen Lebensräume liegt für die Menschen in der zunehmenden Verschlechterung der Lebensbedingungen in den peripheren Räumen. Diese Entwicklung resultiert aus dem starken natürlichen Bevölkerungszuwachs unter den einkommensschwachen Gruppen. Der Druck auf die Land-, Wasser- und Brennstoffressourcen vergrößert sich stetig, hinzu kommt häufig der Verlust von Landnutzungsrechten oder die Verminderung der Betriebsgrößen infolge der Realerbteilung (vgl. Weltbevölkerungsbericht 1996). Aber schon die ökologischen Voraussetzungen für eine erfolgreiche landwirtschaftliche Produktion sind in Afrika sehr schlecht. Einerseits machen Wüsten wie Sahara und Namib einen großen Teil des Kontinents aus, andererseits machen die sehr verbreiteten und unfruchtbaren Lateritböden eine produktive Landwirtschaft oft unmöglich (vgl. Diercke Weltatlas: 222, 223).Einen weiteren Push-Faktor stellt die politische Instabilität in vielen Ländern Afrikas dar. Die Menschen verlassen die kriegs- und krisengeprägten ländlichen Räume in der Hoffnung auf ein sichereres Leben in den Städten. Neben den genannten Push-Faktoren, in denen nicht wenige Wissenschaftler die Hauptgründe für die Landflucht sehen (vgl. STEWIG 1983: 105), existieren eine Reihe sogenannter Pull-Faktoren, welche die Migration in die Städte zusätzlich vorantreiben. So versprechen sich ein Großteil der Migranten von der Stadtwanderung eine Verbesserung ihrer wirtschaftlichen Verhältnisse durch einen festen Arbeitsplatz. Junge Frauen z.B. werden oftmals von der steigenden Nachfrage nach ungelernten Kräften für Hausarbeit in die Städte gezogen.

Diese Motive sind jedoch kritisch zu betrachten, da die Einkommensgefälle zwischen Stadt und Land in Afrika südlich der Sahara minimal sind (vgl. Weltbevölkerungsbericht 1996). Die Aussicht auf Bildungsmöglichkeiten und ein gewisses Dienstleistungs-, Kultur- und Freizeitangebot kann ebenfalls als Anziehungsfaktor der Städte gesehen werden. Oftmals ist die Hemmschwelle für die Migration aufgrund bereits in den Städten lebender Freunde/Verwandter gering genug, um die Wanderungsabsicht zu verstärken. Der Migrant findet also in der Fremde ein gewisses Netz der Vertrautheit und der sozialen Gemeinschaft.

Die starken Zuwanderungsströme äußern sich in den Städten in vielfältiger Weise. So wird durch den Zuzug vor allem jüngerer Menschen das natürliche Bevölkerungswachstum der Städte erheblich beschleunigt (vgl. BÄHR 1993). Natürlich können die afrikanischen Metropolen den sprunghaften Bevölkerungsanstieg in keiner Weise auffangen. Ein großes Problem stellt der städtische Arbeitsmarkt dar. Da mit der Verstädterung nur eine ansatzweise Industrialisierung einhergeht, finden lediglich 5 – 15% der Erwerbspersonen einen Arbeitsplatz im formellen Sektor (vgl. GAEBE 1994). Der Rest verteilt sich auf den informellen Sektor, der somit eine bedeutende Rolle in der städtischen Wirtschaft spielt. Ein weiteres Phänomen der beschleunigten Verstädterung sind die Siedlungsstrukturen afrikanischer Metropolen. Aufgrund des oftmals völlig fehlenden öffentlichen Wohnungsbaus und der Mittellosigkeit vieler Zuwanderer entstanden, vor allem an den Randlagen der Städte, sogenannte Squattersiedlungen. Das Wohnen in solchen informellen Siedlungen stellt für viele Zuwanderer jedoch bereits einen sozialen Aufstieg dar, da viele Neuankömmlinge zunächst nur in den innerstädtischen Slums eine Unterkunft finden. Zu diesem Wohnungs- und Arbeitsplatzmangel tritt die Belastung durch Umweltverschmutzung und mangelnde Hygiene als weitere Ausprägung der städtischen Überbevölkerung. Das nicht vorhandene oder mangelhafte Angebot an sauberem Trinkwasser, die fehlende Müll- und Abwasserentsorgung und die Luftverschmutzung durch KFZ oder Industrieanlagen mit veralteter Technik wären hier zu nennen.

Der beschriebene Urbanisierungsprozess mit all seinen Ausprägungen fand seinen eigentlichen Anfang, wie bereits erwähnt, mit Ende der Kolonialzeit. Mit der Unabhängigkeit vor allem der ehemaligen britischen Kolonien, entfiel die Zuzugs- und Aufenthaltsbeschränkung für Schwarze in den Städten (vgl. GAEBE 1994). Der Hauptgrund für die ansteigende Stadtwanderung liegt jedoch in der steigenden Attraktivität der Metropolen. Die ehemaligen Hauptumschlagplätze und Verwaltungssitze der Kolonialmächte wurden bereits während der Kolonialzeit in die Weltwirtschaft integriert. Nach der Unabhängigkeit steigerten sich diese Zentren im Zuge einer wirtschaftsfördernden Importsubstitutionspolitik Beschäftigung und Einkommen durch Agglomeration neu geschaffener Industrien (vgl. PRESTELE 1989). Durch diese Entwicklung und die gleichzeitige Verschlechterung der Einkommensbedingungen auf dem Land entstand eine Sogwirkung insbesondere der Hauptstädte. Diese Entwicklung führte dazu, dass der Anteil der Hauptstädte an der gesamten urbanen Bevölkerung vieler

Länder 50% und mehr ausmacht, so z.B. in Tansania (50%), Kenia (57%), Togo (60%) und im Senegal (65%) (vgl. PRESTELE 1989: 233).

Wie aus der Abbildung 1 zu ersehen, war der Verstädterungsgrad Afrikas 1990 mit ca. 30% gegenüber Europa (>70%) noch vergleichsweise gering.

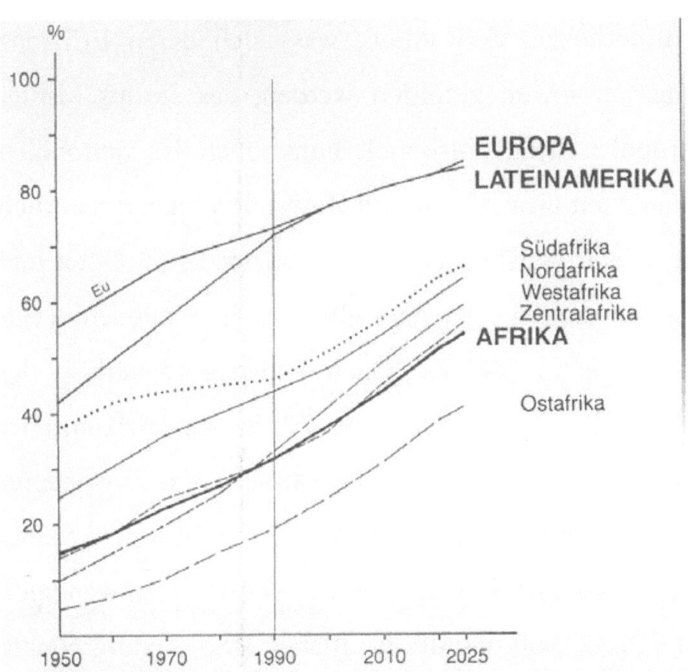

Abb.1: Verstädterungsgrad in Afrika 1950-2025 (Anteil der städtischen Bevölkerung an der Gesamtbevölkerung; Darstellung aus GAEBE „Urbanisierung in Afrika" (1994)

Signifikant sind jedoch die Zuwachsraten der Verstädterung in Afrika. Beispiele hierfür sind - im Zeitraum 1990-1995 - Botswana (8,3%), Tansania (8,0%) und Mocambique (7,6%) (vgl. BÄHR 1993). Insgesamt wird für die nächsten Jahre ein konstant hohes Wachstum des Verstädterungsgrades von >4% p.a. für den afrikanischen Kontinent prognostiziert. Auch nach neuesten Schätzungen wird sich die städtische Bevölkerung in Afrika bis zum Jahre 2030 vervierfachen (vgl. SCHULZ 2001)

3.3 Sekundärstädte als Chance

Angesichts dieser Zahlen und der ohnehin großen sozialen, ökonomischen und ökologischen Probleme in den Metropolen stellt sich die Frage nach Auswegen und möglichen Gegenmaßnahmen. Als Vergeblich haben sich Versuche erwiesen, durch Gründung neuer Zentren bzw. Hauptstädte der Konzentration entgegenzuwirken. Angestrebt wurde dies etwas in Nigeria (Abuja), Tansania (Dodoma), Malawi (Lilongwe) und Elfenbeinküste (Yamoussoukro) (vgl. PRESTELE 1989). Ein Ansatz zur dauerhaften Entlastung der Metropolen und Hauptstädte könnte die Förderung sogenannter Sekundär- oder Mittelstädte sein. Umgesetzt werden könnte dies z.B. im Zuge einer seit langem geforderten Dezentralisierung der öffentlichen Verwaltung, was auch deren Effizienz erhöhen würde. Die Mittelstädte müssten soweit gefördert werden, das sie als Mittler zwischen Landbevölkerung und Metropolen dienen, also viele Funktionen der Metropolen übernehmen können. Die Aufnahmefähigkeit dieser Städte für Zuwanderer hängt natürlich in großem Maße von der Entstehung von Arbeitsplätzen ab, für die wiederum Güter und Dienste wie Betriebs- und Investitionsmittel bereitgestellt werden müssen (vgl. PRESTELE 1989). Entwicklungsprojekte sollten sich also verstärkt der wirtschaftsräumlichen Gestaltung und damit der gezielten Förderung afrikanischer Sekundärstädte widmen. Verstärkt wird diese Ansicht durch die Tatsache, das Zuwanderer in große Städte häufig nicht direkt aus dem ländlichen Raum, sondern über andere Städte kommen (vgl. GAEBE 1994). Dieser Ansatz in Verbindung mit der ohnehin notwendigen Steigerung der Agrarproduktion und Güterversorgung der ländlichen Bevölkerung könnte ein Weg zu einem ausgeglichenen Städtewachstum in Afrika sein. Das solche Maßnahmen dringend erforderlich sind zeigt die Tatsache, das soziale und innenpolitische Spannungen bis hin zu gewalttätigen Auseinandersetzungen infolge der defizitären Versorgung der Bevölkerung bis auf kleine Ausnahmen bislang nur ausgeblieben sind, weil die öffentliche Hand das informelle Stadtwachstum und den informellen Arbeitssektor weitgehend billigt (vgl. MERTINS 1994). Allerdings verschlechtern sich die bereits erwähnten ökologischen Bedingungen in den Metropolen und besonders in den Slums derart, das dringend nach Auswegen aus der, auf wenige Metropolen gerichteten Land-Stadt-Wanderung gesucht werden muss.

4. Vergleich Europa/Afrika

Vergleicht man nun die Verstädterungsprozesse Europas und Afrikas, so werden deutliche Unterschiede sichtbar.

1. Stadtentwicklung

Während die europäischen Metropolen größtenteils auf eine lange geschichtliche Entwicklung zurückblicken können und ihre Entstehung durch Theorien wie die ökologisch-hydraulische, die ökonomische, die militärische und die theologische Standorttheorie erklärt werden (vgl. STEWIG 1983: 58), sind viele der heutigen Metropolen Afrikas erst relativ spät, nämlich in der Zeit der Besetzung durch europäische Kolonialmächte entstanden (vgl. GAEBE 1994).

2. Prozess der Verstädterung

Auch der Verstädterungsprozess verlief bzw. verläuft in diesen beiden Großräumen anders bzw. zeitlich versetzt. In Europa entwickelte der Verstädterungsprozess in der Zeit der Hochindustriealisierung, zunächst in England und Wales seit Anfang des 19. Jahrhunderts, und später auch im übrigen Europa ein starkes Wachstum. In Afrika ist dies erst seit Mitte des 20. Jahrhunderts zu beobachten, und zwar mit Wachstumsraten, die jene der Entwicklung europäischer Städte weit überschreiten. Auch die Anteile der Komponenten der Verstädterung unterscheiden sich bei den beiden Kontinenten. Während in Europa der Großteil des starken Bevölkerungswachstums der Städte auf Zuwanderung vor allem aus ländlichen Räumen zurückgeht, machen Wanderungsgewinne in Entwicklungsländern, also auch in Afrika, selten mehr als 50% aus. Allerdings ist gerade in Afrika die Zuwanderung stark mit dem natürlichen Bevölkerungswachstum verknüpft, weil die meist jungen Zuwanderer das „natürliche" Wachstum ihrerseits erheblich beeinflussen (vgl. BÄHR 1993).

3. Land-Stadt-Wanderung als Verstädterungskomponente

Die Wanderungsbewegung in die Städte spielt sowohl in Europa als auch in Afrika eine wichtige Rolle für den Verstädterungsprozesse. Verschieden sind jedoch die Auslöser. In Europa war die Landflucht Resultat des Bevölkerungswachstums, das wiederum auf erhöhte Agrarerzeugung und medizinische sowie hygienische Errungenschaften zurückgeht, sowie der Bauernbefreiung. Hinzu kam die einsetzende Industrialisierung bzw. im späteren Verlauf das Wachstum des tertiären Sektors, wodurch der Arbeitskräftebedarf in den Städten stark stieg. Die Land-Stadt-Wanderung in Europa hatte also ein wirtschaftliches Fundament.

Auslöser der Migration vor allem in die Metropolen Afrikas sind zum einen die sich verschlechternden Lebensbedingungen auf dem Land wie Bevölkerungsdruck, und damit Wasser- und Nahrungsmittelknappheit oder Krisen/Kriege, zum anderen sind es häufig Vorstellungen von einem besseren Leben in der Stadt.

4. Erscheinungen der Verstädterung

In den europäischen Städten konnten die zuwandernden Menschen aufgrund der beschriebenen wirtschaftlichen Entwicklung aufgefangen werden. Durch ein steigendes Lohnniveau verbesserte sich der Lebensstandard der Arbeiterschaft, wodurch die anfänglichen Arbeiterslums in denen meist katastrophale Lebensbedingungen herrschten, verschwanden. Auch konnten die Städte durch Steuereinnahmen einen Ausbau infrastruktureller Einrichtungen wie öffentliche Verkehrsmittel, Elektrizitätsversorgung, Müllabfuhr sowie Wasserver- und Entsorgung vorantreiben. Außerdem versuchte man bereits früh durch raumpolitische Maßnahmen die Konzentration der Wanderung auf wenige Zentren zu vermeiden, indem auch Sekundärzentren gefördert wurden. So entstanden viele einzelne Wachstumspole, was für eine gleichmäßige wirtschaftliche Entwicklung sorgen sollte. Trotz dieser Maßnahmen zeichneten sich jedoch regionale, bis heute bestehende wirtschaftliche Disparitäten ab.

Die zu beobachtende Entwicklung in Afrika verläuft anders. Die seit Jahrzehnten in die Metropolen strömenden Menschen finden nur selten Arbeit im formellen Sektor, wodurch sich der informelle Sektor zu einem wichtigen Wirtschaftszweig entwickelt hat. Somit bleiben wichtige Steuereinnahmen für die Städte aus. Die Armut treibt einen Großteil der Neuzuwanderer in die Slums. Informelle Siedlungen am Stadtrand, sogenannte Squattersiedlungen, shanty towns, bidonvilles oder canicos sind eine weitere Ausprägung der Verstädterung, und zugleich die am stärksten wachsende Wohnform in Afrika (vgl. GAEBE 1994). Aufgrund dieser Phänomene versuchte man auch in Afrika, meist ohne Erfolg, Gegenpole zu dem Metropolen zu schaffen. Ein möglicher Lösungsansatz wurde unter Kapitel 3.3 dargestellt.

5. Fazit

Während europäische Städte die Auswirkungen der in Kapitel 2.3 beschriebenen Suburbanisierung zu bewältigen haben, stellt die anhaltende Verstädterung in Verbindung mit der Bevölkerungsexplosion eines der bedeutendsten Probleme Afrikas dar.

Aufgrund dessen wirtschaftlicher, historischer und sozialer Ursprünge wird es aber nur gelöst werden können, wenn man von verschieden Seiten ansetzt. Förderung der wirtschaftlichen Entwicklung, Reduzierung der Geburtenraten, Verbesserung der Lebensbedingungen der ländlichen Bevölkerung, politische Stabilität sowie Erlass internationaler Schulden wären z.B. einige Ansatzpunkte, um langfristig die Verbesserung der Lebensbedingungen auf dem afrikanischen Kontinent zu erreichen.

Literaturverzeichnis

BÄHR, JÜRGEN (1983): *Bevölkerungsgeographie. Verteilung und Dynamik der Bevölkerung in globaler, nationaler und regionaler Sicht.* (=Das Geographische Seminar). Stuttgart.

BÄHR, JÜRGEN (1993): „Verstädterung der Erde". In: *Geographische Rundschau 45,* Heft 7-8, S. 468-472.

DICKENSON, JOHN P. (1985): *Zur Geographie der dritten Welt.* Bielefeld

GAEBE, WOLF (1994): „Urbanisierung in Afrika". In: *Geographische Rundschau 46,* Heft 10, S. 570-576.

GAEBE, WOLF (1987*): Verdichtungsräume. Strukturen und Prozesse im weltweiten Vergleich.* (= Teubner Studienbücher der Geographie). Stuttgart.

KONTULY, THOMAS u. DEARDEN, BRAD (1998): „Regionale Umverteilungsprozesse der Bevölkerung in Europa seit 1970". In: *Informationen zur Raumentwicklung,* Heft 11/12, 1998, S. 713-720.

LESER, HARTMUT, und HAAS, H.-D.; MOSIMANN, T; PAESLER, R. (2001*): Diercke Wörterbuch Allgemeine Geographie.* 12. Auflage. Braunschweig.

LICHTENBERGER, ELISABETH (1991): *Stadtgeographie, Band1. Begriffe, Konzepte, Modelle, Prozesse.* (= Teubner Studienbücher Geographie). 2. Auflage. Stuttgart.

MERTINS, GÜNTER (1994): „Verstädterungsprobleme in der Dritten Welt". In: *Praxis Geographie*, Heft 1/94, S. 4-9.

NIEMEIER, GEORG (1977): *Siedlungsgeographie.* (=Das Geographische Seminar). 4. Auflage. Braunschweig.

PRESTELE, HANS-HERMANN (1989): „Das Potential der Städte nutzen - Urbanisierung und Sekundärzentren in Schwarzafrika". In: *Zeitschrift für Wirtschaftsgeographie*, Heft 4/89, S. 232-237.

SCHULZ, REINER (2001): „Neuere Trends der Bevölkerungsentwicklung". In: *Geographische Rundschau*, Heft 2/2001, S. 4-9

STEWIG, REINHARD (1983): *Die Stadt in Industrie- und Entwicklungsländern.* Paderborn.

WAGNER, HORST-GÜNTHER (1998): *Wirtschaftsgeographie.* (= Das Geographische Seminar). 3. Auflage. Braunschweig.

SADIK, NAFIS (Hrsg.) (1996): „Ursachen für das Wachstum der Städte". In: *Weltbevölkerungsbericht* (1996), S. 38-42

ZAHN, ULF (Leitung) (1998): *Diercke Weltatlas.* Braunschweig.